Samarbejde & Tillid – Konkurser & Patenter

Albert Hedegaard

Samarbejde & Tillid – Konkurser & Patenter

Undertitel: 50 år med maskiner

Forsiden: Albert Hedegaard efter indleveringen af de mange dokumenter til Højesteret, som blev klaret blot få minutter inden tidsfristens udløb. Man kan godt føle sig som et barn, når dørhåndtaget er sat så højt. Måske er det netop det, som er hensigten med det.

Fotos: Albert Hedegaard: Side 27, 29, 30, 32, 33, 34 & 36

Erik Nørgaard: Side 5, 17, 20, 22, 26, 39, 41, 44, 48, for- og bagside

Redaktion & korrekturlæsning: Erik Nørgaard

Forlag: BoD – Books on Demand, Hellerup, Danmark

Tryk: BoD – Books on Demand, Norderstedt, Tyskland

ISBN: 978-87-4305-590-7

Ingen ønsker at skade denne lille samler!

Prolog

Af Erik Nørgaard

Det blev op til mig, at indlede denne lille bog med en kort beretning om, hvem Albert Hedegaard er, så kort, som det nu er muligt, når det gælder én så farverig person. Albert Hedegaard er 65 år gammel (2023), bor nær Holstebro, og har gennem årene opbygget og drevet virksomheden Kyndestoft Maskinfabrik ApS, som er beliggende i Sevel, mellem Holstebro og Skive. Albert Hedegaard var blandt andre én af iværksætterne bag Opfinderforeningen.dk, som var en landsdækkende forening for idéfolk, opfindere, iværksættere, designere og andre innovative mennesker, og Albert Hedegaard har her været et meget aktivt bestyrelsesmedlem i en årrække, blandt andet som kasserer. Kyndestoft Maskinfabrik ApS producerer, markedsfører og sælger specialfremstillede marksprøjter og forskellige avancerede sprøjtetyper til en lang række områder som for eksempel landbrug, parkvedligeholdelse, skovbrug, gartnerier, vingårde samt til saltning med flydende tømidler. Kyndestoft Maskinfabrik ApS producerer også en række andre produkter, som for eksempel hegnsklippere til traktormontage, plantesøjler og andre emner efter ordre.

Tidligt vakt opfindergén

Albert Hedegaard havde sin opvækst midt i landbrugslandet ved Borbjerg, nordøst for Holstebro, og det var derfor naturligt, at han i en meget ung alder blev beskæftiget indenfor landbrug. Som blot 16-årig startede Albert Hedegaard sin egen maskinstation. Han kom herved til at opleve, at med den enorme mængde teknik og tekniske løsninger, der allerede dengang kendetegnede landbruget, så var der også en næsten uudtømmelig mulighed for tekniske forbedringer, anderledes metoder og masser af plads til helt nye idéer. Landbruget var derfor ikke den værste boldbane for en ung mand, der var så kreativ og fantasifuld som Albert Hedegaard. Her kunne han finde afløb for sine innovative evner på en lang række områder. At det så også skulle blive indenfor området innovation i landbruget, at han skulle få et uendeligt langt og opslidende møde med ting som idérettigheder, patentansøgninger, patentomstødelser, retssager ved de fleste danske retsinstanser igennem mere end tredive år og endelig et forbrug af flere millioner kroner og oveni, rigtig mange søvnløse nætter – ja, det havde den dengang unge Albert Hedegaard ikke skyggen af chance for at kunne forudse; men flere detaljer om dette senere. Først beretter Albert Hedegaard med en slet skjult blanding af humor og forundring om sine noget brogede oplevelser, omkring de selskaber han sammen med andre gennem tiden har været involveret i. Oplevelser der godt kan få én og anden til at rynke øjenbrynene en smule.

Der har sneget sig nogle fotos ind i teksten, som godt ville kunne opfattes som en slags reklame. Det er det også!

Så hermed ordet over til Albert Hedegaard.

Samarbejde & Tillid – Konkurser & Patenter

Af Albert Hedegaard

Der er masser af faldgruber ved samarbejde mellem flere personer omkring virksomhed og drift af et firma, og man har nok særlig let ved at falde i dem, når man er ung og uprøvet. Men man lærer jo som bekendt af den slags, så her følger en beretning om mine oplevelser på området.

Kyndestoft Maskinfabrik – cvr. nr. 80 16 96 12

Jeg var sammen med mine kompagnoner engageret i to selskaber, og vi havde for begge virksomheders vedkommende vor bankforbindelse tilknyttet Midtbank i Holstebro. Den ene virksomhed, Kyndestoft Maskinfabrik, ophørte den 13. september 1993. Den anden virksomhed, Midt-Vest Dangødning, havde en kreditlimit i banken på 300.000 kr. som på dette tidspunkt var udnyttet med ca. 200.000 kr., som jeg personligt havde kautioneret for. Da jeg havde maskinen, som både kunne så og placere gødning i én arbejdsgang - Kyndestoft Combi-pak, der var opfundet af nu afdøde Hans Erik Eriksen i Vroue - kom vi i kontakt med Landmark International, et dansk firma, som via licens havde et samarbejde om at markedsføre og forhandle flydende gødning fra Stoller i USA, her i Danmark.

Midt-Vest Dangødning ApS – cvr. nr. 16 20 37

Vort firma, Midt-Vest Dangødning, betalte 35.000 kr. for en kontrakt, ved hjælp af hvilken vi havde rettighederne til salg og produktion i cirka en fjerdedel af Jylland, fra Pårup mod vest og fra Pårup mod nord. Som følge af omkostningerne ved opstarten, blandt andet investering i lagertanke med mere, gav det første års regnskab, 1987/88, et beskedent underskud på 159.000 kr. efter en omsætning i opstartsåret på 748.000 kr. Min kompagnon, Mads Nørtoft Nielsen, deltog ikke aktivt i driften, og ville heller ikke investere yderligere i selskabet, hvorfor vi blev enige om, at jeg drev det videre alene. Og vi blev ligeledes enige om, at Mads Nørtoft Nielsen overtog det oprindelige selskab, cvr. nr. 162.037, som jeg fik opfattelsen af, at han kunne anvende i forbindelse med et ejendomsselskab. Jeg fik dog ikke noget at vide om, at det tilsyneladende var planen at begære selskabet konkurs, og min forundring var derfor stor, da jeg opdagede, at der var indgivet konkursbegæring mod virksomheden og med mig som påståaet direktør og ligeledes med angivelse af min adresse længe efter, at vi delte firmaet.

Jeg havde dengang meget stor tillid til min daværende statsautoriserede revisor, Knud Møller Andersen fra revisionsfirmaet Krøyer Pedersen i Holstebro, men blev dog oprigtig skuffet over, at man helt uden min viden kunne lave sådan noget bag om ryggen på mig. Som jeg husker det i dag, blev det forelagt mig som om, at jeg blot lige skulle skrive på en navneændring, - åbenbart en ren formsag – og jeg hørte således heller intet om ordet: Konkurs. I skrivende stund ved jeg ikke, hvem der for eksempel var kurator; men jeg forsøger dog for indeværende at få dette frem ved hjælp af kontakt til Rigsarkivet.

Midt-Vest Dangødnings Center ApS - cvr. nr. 18 41 33

Efterfølgende stiftede jeg virksomheden Midt-Vest Dangødningscenter. Under denne virksomhed skulle den fortsatte drift varetages. Nu var vi samtidig meget stærkt udfordret af en indtruffen konkurs hos vores gødningsleverandør, Landmark International; men på trods af de svære omstændigheder gik tingene dog godt, idet vi blev den leverandør i Danmark, som solgte mest flydende gødning i de efterfølgende fire år. I samme tidsrum opstod der et stort behov for at anvende udstyr og maskiner, som kunne udbringe den flydende gødning meget præcist. Såvel ved at ramme afgrøderne ganske præcist, som med hensyn til udbringning af den optimale mængde. Kyndestoft Maskinfabrik gik derfor stærkt ind i produktionen af sprøjter for præcisionsplacering af sprøjte- og gødningsmidler, og de er stadig efter 45 år vore førende produkter.

Vi opnåede med gødningselskabet det første år en omsætning på 2.400.000 kr. – et overskud på 312.000 kr. Andet år (året hvor vores leverandør gik konkurs) 1.200.000 kr. - overskud 58.000 kr. Tredje år 900.000 kr. – overskud 36.000 kr. og endelig fjerde år mindre omsætning og overskud. Vi indså dog, at det var uholdbart at konkurrere med vore egne kunder, blandt andre foderstofforretningerne, hvorfor vi besluttede at sælge virksomheden til foderstoffirmaet Axel Toft A/S i Durup. Vi fik 80.000 kr. for goodwill. og nedlagde selv selskabet med en dividende på 100,6992 procent.

Kyndestoft Maskinfabrik – cvr. nr. 80 16 96 12

Virksomheden ophørte 13. september 1993. I Kyndestoft Maskinfabrik havde vi en blanco kredit på 900.000 kr., hvoraf vi havde gjort brug af ca. 600.000 kr. Vi havde dengang succes med at bygge og sælge Combi-pak, den første såmaskine på markedet som kunne udføre syv funktioner i én arbejdsgang og det er den maskintype, som hovedparten af alt korn bliver sået med i dag.

Vi ansøgte Midtbank om en kreditforhøjelse på 400.000 kr., for at kunne få mulighed for at øge produktionen; men vi fik mærkværdigvis ikke noget konkret svar på vores forespørgsel. Derimod rettede Midtbank henvendelse til os med et forlangende om, at Kyndestoft Maskinfabrik skulle påtage sig fuldstændig kautionsforpligtelse, ellers ville Midtbank forlange kreditten i Midt-Vest Dangødnings Center indfriet! Så her stod vi så med en gordisk knude i et forløb, som strakte sig over flere måneder, for vi tænkte selvfølgelig på, hvad der mon ville ske, såfremt jeg kautionerede for Kyndestoft Maskinfabrik? For ville Midtbank så opsige kreditten for denne også? Det turde vi bestemt ikke begive os ud i, så det var sådan det endte.

Jeg blev kaldt til møde hos statsautoriseret revisor, Kurt Sandgård Krøyer Pedersen, i Holstebro sammen med hans assistent, Knud Møller Andersen, der var min sædvanlige kontaktperson hos revisionsfirmaet. Kurt Sandgård Krøyer Pedersen spurgte mig, om jeg havde nogen penge, og jeg svarede: "*At lidt havde jeg da*!" Herefter skulle vi åbenbart ud at køre en kort tur hen til en nystartet advokat, Per Broe-Andersen, i Holstebro. Under fremmødet på adressen blev Per Broe-Andersen spurgt, om han kunne tage en konkurs? Dette chokerede mig, men da jeg havde absolut tillid til, og aldrig havde tvivlet på min statsautoriserede revisor, så valgte jeg at forholde mig i ro. Advokat, Per Broe-Andersen, var helt åbenlyst stolt af at få byens førende revisor som kunde, og han reagerede derfor meget positivt. Men det blev noget frygteligt rod og senere meget besværligt for os, fordi vort navn ikke blev ændret. Det udviklede sig faktisk til i alle årene siden, at blive en kæmpe barriere for os.

Det blev bestemt at Traktorgården i Holstebro skulle foretage vurdering af lageret, hvilket de vurderede til 15 procent. Kurt Sandgård Krøyer Pedersen sagde: *"Nå - jeg havde troet, at de havde sat det til 5 procent"*. Sådan som jeg erindrer tallene nu, fik Midtbank et tab på cirka 600.000 kr. og honoraret til Kurt Sandgård Krøyer Pedersen var cirka 400.000 kr. Hvorvidt man så samtidig havde taget skattefordelene ved en eventuel selskabstømning, det havde jeg svært ved at gennemskue. Senere erfarede jeg, at direktøren i Midtbank var nabo til assistenten i revisorfirmaet, Knud Møller Andersen, og at der forgik et eller andet omkring en del nødlidende investeringsselskaber, hvori man havde gearet investeringerne. Jeg oplevede det sådan, at Midtbank havde lukket ned for nogle af de gearede investeringsselskaber, og jeg blev derved måske nærmest et led i en form for hævnaktion. Jeg havde aldrig til hensigt at bidrage til misbrug af lovgivningen omkring konkurser, og min indstilling var den, at her var der noget, man som seriøs firma- og virksomhedsejer skulle undgå for enhver pris. Men desværre var der nogle steder en opfattelse af, at man blot kunne anvende lovsystemet vedrørende konkurser som et redskab til økonomisk vinding. Jeg mente, at dette var meget forkert, – og gør det i øvrigt stadigvæk - og at der burde være langt mere fokus på disse ting fra pressens, myndighedernes og politikernes side.

Jeg skal dog i samme forbindelse nævne, at jeg på grund af et stort og vedholdende ønske fra en ledende medarbejder, solgte ti procent af firmaet til ham. Han var ærlig og meget forsigtig, og jeg følte ikke, at jeg kunne træffe nogen forretningsmæssige dispositioner uden først at vende dem med ham. Selv om en kompagnon kun overtager en lille del af virksomheden, så er det meget sværere at træffe beslutninger, end hvis man er eneejer. Træffer man egenhændige beslutninger i et sådant forhold, kan det selvsagt medføre brud på tilliden og en del mistænksomhed. Træffes beslutningerne derimod, stort set i ligeværdighed, så kan man bedre undgå at bruge alt for megen tid på diskussioner, der ellers let kommer til at gå på et spørgsmål om, hvem der har størst ejerandel.

Retshjælp ApS – cvr. nr. 10 11 43 57

Retshjælp ApS' formål var at yde økonomisk hjælp eller dækning til retshjælp for opfindere og andre indehavere af ophavsrets- og patentrettigheder og til at føre erstatningssager ved domstolene omkring krænkelse af immaterielle rettigheder. Der var registreret en kapital i selskabet på 202.000 kr. Regnskabsåret fulgte kalenderåret. Selskabet oprettedes den 17. januar 2003 og blev opløst 6. november 2006.

I et konkret tilfælde, hvor selskabet ydede hjælp til opfinder Villy Pedersen, gik hele kapitalen til dækning af retsafgifterne, som på dette tidspunkt var meget høje. Selskabet er efterfølgende lukket. Opfinderforeningen.dk har senere fået udvirket, at disse urimeligt, høje retsafgifter blev nedsat betydeligt som et værn imod, at større og pengestærke virksomheder spekulerer i retsafgiften, og bruger den som et økonomisk våben mod mindre og ikke så økonomisk velfunderede virksomheder og opfindere.

Vi var en personkreds, som i sin tid startede Opfinderforeningen.dk, og heriblandt altså også opfinder Villy Pedersen. Villy Pedersen havde opfundet en teknik ved hjælp af hvilken, man nemt kunne finde elkabler, rør, tv-kabler og andre tekniske installationer, som var gravet ned i jorden. Villy Pedersen mødte i retten under sin patentsag, som såkaldt selvmøder, hvilket betyder, at man møder i retten uden bistand af en advokat, og derfor selv fører sin sag. Villy Pedersen havde ved første retsinstans vundet sin retssag mod en krænker af hans patent. Ved den nu appellerede og efterfølgende retssag ved anden instans, gik stort set hele selskabskapitalen til at dække den høje retsafgift. For investorerne var der for så vidt ikke noget alarmerende i, at hele kapitalen gik tabt, for det var på forhånd aftalt, at de enten ville miste pengene, såfremt Villy Pedersen ikke fik medhold, eller også ville de få dem dobbelt tilbage, hvis han vandt.

Villy Pedersen blev desværre syg, og han kunne på forunderlig vis ikke få udsættelse af retshandlingen, på trods af et brev fra hospitalet som dokumenterede, at sygdomsforløbet ville blive af kortere varighed. Det er nok ganske væsentligt at nævne, at modparten i denne sag var et meget stort selskab. Jeg valgte at bruge en del tid på Villy Pedersens sagsforløb. Blandt andet for at finde ud af, om der var nogle paralleller i hans sag, som jeg eventuelt ville kunne drage til min egen sag, som jeg på dette tidspunkt havde en anelse om, ville komme senere.

Tjekimport – cvr. nr. 28 98 83 11

Jeg startede sammen med Carsten Jørgensen import af de tjekkisk fremstillede MGM-trailersprøjter i rammerne af en virksomhed med stiftelsesdato den 10. september 2005. Vi havde hver en firmaandel på 50 procent og allerede ved introduktionen i Danmark solgte vi 14 sprøjter, samt en del jordbearbejdningsmaskiner. Jeg havde ikke rigtigt tænkt over, at det faktisk skyldtes vort navn: Kyndestoft, og den hermed forbundne goodwill, at vi uden videre og med så stor succes kunne lancere et nyt produkt på markedet på denne måde, og derfor havde jeg jo nok heller ikke været opmærksom på, at vi jo i forholdet til vore kunder, var stærkt engageret. Det kunne få en betydning, hvis vi solgte en sprøjte gennem vort fælles firma, Tjekimport, og kunden måske ikke var helt tilfreds med den, for så ville Kyndestoft blive bragt i miskredit hos den pågældende kunde; men vi servicerer dog stadig disse maskiner med succes fra vores nuværende adresse.

Kyndestoft Maskinfabrik producerer blandt andet sprøjter med dobbelttanke, hvilket gør det muligt at skifte mellem almindeligt, flydende vejsalt og svanemærkede produkter efter behov.

Carsten Jørgensen så vi ikke på vores adresse én eneste gang, hvorfor jeg krævede, at der skulle ske noget. Enten måtte han overtage Tjekimport helt, eller også skulle jeg. Hvad jeg imidlertid ikke var opmærksom på var, at Carsten Jørgensen og hans advokat, Lars Boller, havde et trick i ærmet, ved på tro og love at ændre vedtægterne uden min viden. Så Carsten Jørgensen var faktisk i stand til, at flytte alle de af mig, ved hårdt arbejde opbyggede værdier, over til sig selv. Ligeledes var jeg heller ikke dengang klar over, at Carsten Jørgensen i sit personlige firma, Gårdforretning, hvor igennem han beskæftigede sig med import af pillefyr, kartoffelavl og andet, var økonomisk nødlidende, og senere lukkede med omkring elleve millioner kroner i gæld. Jeg havde selvfølgelig, såvel med mit navn, som med min adresse, noget med denne konkurs at gøre, og hvis de værdier jeg havde skabt i vort fælles selskab, gennem hårdt arbejde ude på messer, udstillinger, demonstrationer og øvrige indsatser, ikke havde nogen værdi, ville Carsten Jørgensen jo nok ikke på den meget ufine måde have valgt, at flytte de af mig skabte værdier over til sig selv, ved hjælp af en påstået tegningsret og diverse tricks omkring prokura og meget andet. I dag anser jeg hans plan som et tyvagtigt forsøg på, at redde hans personligt ejede og nødlidende firma, hvilket på trods heraf tilsyneladende mislykkedes for ham.

Agro-Technology Holstebro ApS - cvr. nr. 26 65 87 64

Dette selskab blev stiftet den 20. juni 2002 – det fik en levetid på otte måneder, og der blev intet regnskab aflagt. Omsætningen lød på omkring 1.800.000 kr. med et underskud på omkring 2.000.000 kr. Anmodning om opløsning, jævnfør aktieselskabslovens § 117, jævnfør § 118 indgivet til skifteretten i Holstebro den 8. december 2003.

Det var fra første færd ikke intentionen, at vi i Kyndestoft Maskinfabrik ville producere kemikaliesprøjter, fordi vi så ville komme til at konkurrere med de af vore kunder, som producerede lignende udstyr. Til disse sprøjteproducenter solgte vi derfor vores patenterede Kyndestoft AIR-sprayer. Vi har til dato solgt ikke mindre end 1250 af disse, og på et tidspunkt var vi leverandør til 80 procent af de cirka 30 producenter af kemikaliesprøjter, som fandtes rundt om i verden. Da vi i samme periode producerede udstyr til udbringning af flydende gødning, blev vi forespurgt, om vi kunne lave en vogn med en stor beholder, som kunne køre flydende gødning ud. Det kunne vi selvfølgelig, og denne vogn viste sig at være særdeles anvendelig til kemikaliesprøjtning, og på den måde kom vi pludselig i en situation, hvor vi konkurrerede med vore potentielle købere af Kyndestoft AIR-sprayeren. Kyndestoft havde samarbejde med både Tjekimport ApS, hvor vi som nævnt havde 50 procent ejerandel og ligeledes med Agro-Technology Holstebro ApS, hvor vi havde en ejerandel på 65 procent. To brødre, som ejede et smedefirma i Holstebro, havde en ejerandel på 25 procent, og de to brødre havde en nyligt ansat værkfører, som stod for en ejerandel på 10 procent. Dette ledte af flere årsager til endnu et forsøg på at holde lidt afstand til sprøjteproduktionen, såvel på konkurrencedelen som på kapacitetsdelen for at undgå at komme i en situation, hvor vi konkurrerede med vore egne kunder.

Jeg var bestyrelsesformand i Agro-Technology og havde tegningsret sammen med ét bestyrelsesmedlem, som var min bogholder og i øvrigt var revisoruddannet og tidligere bankdirektør med mange års erfaring. Det var aftalt, at smedefirmaet skulle være ansvarligt for produktionen og regnskabet med mere, og at smedevirksomheden ikke skulle have nogen fysisk relation til vores adresse.

Anvender man flydende salt på torve, pladser og lignende arealer, vil der kunne spares op til 80 procent salt til gavn for miljøet og pengepungen.

Vi kunne på denne måde bedre koncentrere os fuldt ud om nogle af de andre ting, som vi også arbejdede med. Vi leverede fra Kyndestoft mange af reservedelene, og der var ligeledes indgået aftale om, at såfremt smedefirmaet ikke kunne konkurrere på prisen, så skulle de tage tilbud hjem andet steds fra og få maskindelene produceret et andet sted; men det glemte de imidlertid. Vi forlangte selvfølgelig at have adgang til regnskaberne og i øvrigt al den indsigt, som det var muligt at få. Vi erfarede herved på et tidspunkt, at der var et overskud på 400.000 kroner, og dette beroligede os noget. Smedefirmaet påbegyndte ombygning i virksomheden, og de to ejere var i udlandet en del af tiden. Byggeriet løb tilsyneladende fra dem, for pludselig forelå der en faktura fra smedefirmaet til vort fælles selskab på 1.000.000 kroner, som kom oveni en tidligere faktura på cirka 400.000 kroner for løntimer med mere! Og så var der jo også det tilgodehavende, som vi havde i vort eget firma for salg af reservedele og pumper. Så det så lige pludselig slet ikke så godt ud! Da det var os, der havde solgt til kunderne under navnet Kyndestoft, og da vi fortsat havde en anden forretning med blandt andet gødningsudstyr til de samme kunder, var det kundernes opfattelse, at det var Kyndestoft, de havde handlet med, og det var da også mig, der havde forestået en del af salget, så vi var faktisk stadig involveret, fordi nogle handelsforbindelser var indgået, inden samarbejdet med smedevirksomheden blev indledt. Da jeg samtidig også var sælger for Agro-Technology Holstebro ApS, var det åbenlyst i min interesse, at kunderne var tilfredse med indgåede aftaler, service, levering og lignende. Vi indgik en aftale, som endte op med, at Kyndestoft skulle færdiggøre de solgte, men endnu ikke leverede sprøjter og friholde alle andre kreditorer, hvilket vi gjorde, og der var således ingen, som led tab, bortset fra os selv. Jeg fik bekræftet, at det var problematisk, at have så stor en ejerandel, når det er andre, der forestår hele driften og tillige fakturerer til et fælles firma.

Det blev ligeledes lysende klart, at man skal kræve ubegrænset indsigt i regnskabsmaterialet, som skal være fuldstændig opdateret mindst hver fjortende dag – måske oftere. I dag er dette nemmere med diverse typer onlinesystemer, man som medejer skal have absolut adgang til.

Nyudviklede sprøjter kan yderligere leveres med ekstra tanke eller påmonterede granulatspredere. Det er også muligt at række/båndsprøjte med to forskellige væsker og samtidig placere to forskellige slags gødning. Eksempelvis fosfor tæt på frøet og flydende gødning lidt på afstand af frøet, så den kommende plante får gavn af gødningen, når den vokser og derved får behov for mere næring. Det samme gør sig gældende ved anvendelsen af flydende gødning i stedet for granulat, som ofte spredes langt udenfor det område hvor granulatet burde falde.

Det var et meget stort problem dengang, at vi ikke havde adgang til nyligt opdateret regnskabsmateriale, og derfor fremstår det også efterfølgende som helt eventyrligt, at man kan generere et underskud på cirka 2.000.000 kr. ud fra en omsætning på cirka 1.800.000 kr. Ovenikøbet på blot otte måneder! Det havde ingen af os set komme!

Mystisk konkurs i 2017 - cvr nr. 16 49 89 98

Vi benyttede Spar Nord, som vi har brugt uafbrudt i over 20 år og havde hos dette pengeinstitut en kassekredit på omkring 3.200.000 kroner. De ejendomslån der var, havde vi hos Nykredit. Vort regnskab udviste i 2016 et overskud på cirka 800.000 kroner og vi havde i 2017 nedbragt kassekreditten yderligere med godt og vel en million kroner, - fra 3.200.000 kr. til 2.100.000 kr. Vi stod 14 dage før regnskabsafslutning således til, at komme ud med et overskud på godt én million kroner. Vi havde samtidig en skattegæld på omkring 500.000 kroner. Skattevæsenet gik ind og vurderede, at Spar Nord skulle betale, ellers ville Skattevæsenet inden tre dage gøre udlæg i bankens pant? Det ville Spar Nord ikke være med til, og i stedet begærede banken os konkurs!

Banken besværede sig, og brugte de dyreste vurderingsfolk, de kunne finde. Vurderingsfolkene ansatte lageret til 3.200.000 kroner i en konkurssituation. Lageret blev dog solgt for 600.000 kroner, og bankens tab, da alt var gjort op, beløb sig til 1.400.000 kroner. Én i mine øjne fuldstændig, unødvendig konkurs. Man kunne fristes til at tro, at der har været en skjult dagsorden i denne sag. Hvilke andre, måske lignende maskinfabrikker har en sådan bank mon investeringer i? Det kunne være ret interessant at vide? Og her må jeg så springe tilbage i tiden, for vi havde på et tidspunkt en tvist med maskinfabrikken Epoke, idet de havde kopieret en teknisk løsning omkring nogle dysers udformning og funktion fra os. Jeg mødtes med dem, og de var positive overfor at indlede et samarbejde i stedet for. Dette blev dog aldrig til noget på grund af min forestående retssag i Højesteret; men der kom heller aldrig en patentsag ud af det. På dette tidspunkt var såvel Spar Nord som Nykredit via andre selskaber medejere af maskinfabrikken Epoke, og det var de formentlig også ved vores konkurs i 2017!

Mange konkurser er efter min mening af teknisk karakter, og tjener kun det formål, at banker og finansieringsinstitutter kan tjene groft på virksomheder, som i virkeligheden er solvente. Derfor forekommer der mange fuldstændigt, unødvendige konkurser. Da jeg spurgte en bankmedarbejder, hvorfor vi blev begæret konkurs i 2017, fik jeg svaret: *"At det var fordi, jeg havde valgt at lade mig skille, og at han (den bankansatte) i øvrigt ikke havde haft lejlighed til, at prøve at være med til en konkurs før"*! Jeg har ikke indtryk af, at banken i dag er klar over, at denne konkurs desværre også lukkede mit holdingselskab og et handelsselskab, som sælger reservedele, og iøvrigt havde samhandel med Kyndestoft Maskinfabrik og jeg kan undre mig over, om banken reelt ved og bekymrer sig om, hvad en konkurs indebærer, og hvilke konsekvenser én sådan har for rigtig mange mennesker. Når man som vi valgte, at samarbejde og redde hvad der reddes kunne, kan jeg bekræfte, at dette er en voldsomt stor opgave og da ikke mindst for kuratoren. Der er sendt enorme mængder af mails mellem os og kurator eller dennes sekretær i denne konkurs! Derfor vækker det ofte tanker, om banken egentlig forholder sig til den slags? Tænker over det i en helhed! Og er banken bekendt med, og forholder sig til, at det har kostet os to konkurser yderligere! Hvorfor har banken mon ikke i god tid givet os bare ét eneste lille praj om, at man ikke ønskede at være bank for os mere, - såfremt banken altså syntes, at det rent økonomisk stod for dårligt til hos os?

Jeg synes egentlig, det er misbrug og rystende lidt respekt at udvise, såvel for retningslinjer og lovgivning vedrørende konkurser, som for en forretningspartner, der har været kunde igennem rigtig mange år.

Det er forholdsvis små beløb, der er blevet tabt i disse unødvendige konkurser, som vi desværre er blevet en del af; men i robotgenererede oplysninger fra firmaer som lasso.dk, proff.dk med flere, kommer det jo ikke rigtig frem, om det er 2.000.000 eller 10.000 kroner, der er tabt. Derfor ser de fleste personer det ikke, hvis det overhovedet fremgår, mens til gengæld det forfærdelige ord: "Konkurs" – det optræder i teksten!

Jeg ved ikke, hvordan Finanstilsynets regler herom er formuleret. Om man slet ikke ser på beløbenes størrelse, eller det blot er antallet af konkurser, man fokuserer på.

Nu kører vi på syvende år efter konkursen, og har haft ét, omend beskedent, overskud lige siden; men jeg kan forsikre for, at i forhold til de store, forbundne omkostninger, arbejdet, samt al den "badwill" konkurserne har afstedkommet for os, så vil de 1.400.000 kroner, som banken tilsyneladende satte til, være for småbeløb at regne.

Det er på messer og udstillinger, at man kan få lejlighed til at vise sine produkter frem og møde potentielle købere, og man kan jo også godt blive lidt irriteret, når konkurrenter igennem mange år har kopieret vore produkter; men på den anden side må vi jo så også konstatere, at vore produkter er kvalitetsmæssigt i top. Ellers var der vel ingen, som ville kopiere dem?

Det er muligt at nedvisne kartofler ved hjælp af 5 – 20 procent svovlsyre, som er ætsende, men ikke giftig og den nedbrydes hurtigt ved kontakt med jorden, og ophobes derfor ikke i miljøet. Eksempelvis lykkedes det for en kartoffelavler at nedvisne omkring 800 hektar kartoffelmarker med denne nye sprøjte og svovlsyre; men han glemte dog at betale for sprøjten. Vi gik ud fra, at vi nok ikke ville få en permanent tilladelse til at sprøjte med svovlsyre, og der er jo nok heller ikke de store penge i at producere svovlsyre til nedvisning af kartofler, hvis man i stedet kan producere kemikalier til samme formål.

KINA – de store tals land

Vi fik en henvendelse fra et dansk-kinesisk firma, som ville formidle idéer i Kina. Kineserne var åbenbart på det tidspunkt kommet til den erkendelse, at der kunne være gode forretningsmuligheder i at købe rettigheder til produkter i vesten og herved få adgang til erfaring, viden, produktudvikling og forsøgsresultater fremfor blot at piratkopiere. Jeg mener faktisk, at kineserne har ganske ret heri. Opgaven lød på at hjælpe det kinesiske firma med at bygge en tolv meter, selvkørende kemikaliesprøjte. Tolv meter betegner rækkevidden på sprøjtebommen. Den skulle på lidt længere sigt blive afløseren for 60 millioner, mandbårne rygsprøjter! Jo, det er ikke en trykfejl, - tallet 60 millioner er korrekt! Vi syntes, det var et spændende projekt at gå i gang med, blandt andet fordi vi vidste, at det var meget unøjagtigt og rigtig skidt for miljøet, at der gik 60 millioner landbrugs- og gartnerimedarbejdere rundt og svingede med en hånddrevet sprøjte med lanse. Min vurdering var, at deres håndsprøjtede dosering formentlig svingede fra 10 til 260 procent af den mængde sprøjtemiddel, der var foreskrevet for de anvendte produkter. Dette var uendelig langt fra den præcision, vi arbejder med på danskproducerede kemikaliesprøjter.

Vi brugte 100.000 kroner på at få oprettet en kontrakt, som indebar, at vi skulle afregnes for selve maskinopbygningerne og efterfølgende modtage en royalty på cirka 3.000 kr. per producerede, selvkørende enhed, og man budgetterede med, at der skulle produceres 36.000 enheder i alt!

Prototypen tankes op inden ibrugtagning.

Vi har indtil dato modtaget en betaling på cirka 500.000 kr. fra kineserne, efter at have hjulpet dem med at bygge prototypen, som var baseret på et japansk chassis, som de på forhånd havde kopieret direkte, uden egentlig at vide hvordan de forskellige ting skulle anvendes. Dette bevirkede, at de pludselig stod med en selvkørende enhed, som ikke kunne styre, fordi de havde glemt det hydrauliske styresystem. Dette fik min søn, Daniel, imidlertid tegnet til dem, og vi leverede herefter styrepumpe og hydraulikbeholder til dem med fly, sammen med selve sprøjtebommen, luftsystemet, sprøjtepumpe og dyser. Vi brugte en del tid på dette, og det var vigtigt for os, at de fik Kyndestoft AIR-spraysystemet påmonteret, så de kunne spare vand og kemikalier, hvilket de var meget interesseret i, fordi de ofte har store problemer med vandmangel. Vi opfandt endvidere et system til dem, som bevirkede, at de kunne suge og filtrere vand direkte fra rismarken og blande vandet med sprøjtemidlet, mens de kørte. Herved kunne de undgå transport af adskillige tons vand. I kombination med luftsystemet fra Kyndestoft kunne de således reducere forbruget af vand ved udbringning fra 600 liter per hektar til 60 liter per hektar. Kyndestoft AIR-spraysystemet har ved akkrediterede danske forsøg efter nogle bestemte normer

Kyndestoft Maskinfabriks sprøjte under afprøvning og test, inden godkendelse fra de kinesiske myndigheder. Lavpraktisk, men uhyre effektivt. Vores sprøjte opnåede godkendelse.

fra 2002 bevist, at der kan spares op mod 90 procent på kemikalieforbruget, fordi man rammer planterne med sprøjtemidlet i stedet for at spilde det på jorden. Noget vi også lærte kineserne var, at køre med rent vand i tanken og så tilsætte kemikalierne individuelt ved hjælp af injektionspumper. Et system, som vi fra Danmark har erfaringer med, er meget mere miljørigtigt, fordi man således undgår forurenet spildevand/overskudsvand og slipper for rengøring af vandbeholderen ved kemikalieskift. Vi har også erfaring med, at en computer, der måler flowet med en flowmåler, er omkring 15 procent mere nøjagtig end et manometer og den sædvanlig dysetabel, fordi udbringningshastigheden på køretøjet kan variere eller på grund af unøjagtigheder, som kan forekomme i manometre. Den computer ville man dog slet ikke købe, så vi forærede dem én uden beregning, og den blev monteret, og kom med på en landbrugsudstilling i Wuang. Vi var senere i Kina for at hjælpe på udstillingen, sammen med en anden dansk maskinproducent, som producerer harver. Vi var blandt andet ude på en lokalitet for, at se en farm hvor man havde 175 selvkørende, japanske sprøjter. Her var samtlige marker 500 meter i bredden og 1000 meter i længden, og så var der etableret vandingskanaler imellem de enkelte marker. Det gav mig ideen til, at kineserne skulle bruge flydende gødning i stedet for granulat, fordi nogle af gødningskornene, når man anvendte granulat, røg direkte ud i vandingskanalerne. Det ville ikke ske med den flydende gødning, fordi den ville kunne sprøjtes meget nøjagtigt til kanten af en vandingskanal og ikke én centimeter længere. Således ville markerne få den nøjagtigt, doserede og fordelte mængde flydende gødning helt ud til markkanterne. Det ville ikke ske med en gødningsspreder, som anvendte granulat.

Den meget store frihøjde skal maskinen have, fordi der er mudder og ofte også vand på en rismark.

Der var her tale om kæmpestore arealer, som efter den traditionelle metode til udbringning ikke ville få den korrekte gødningsmængde, og samtidig gik megen gødningsgranulat til spilde, fordi den forsvandt ud i vandingskanalerne. Driftslederen på farmen kunne straks se idéen, og det blev derfor vigtigt for mig, at sørge for at få deres nye kemikaliesprøjte bygget på en måde så den også kunne tåle de aggressive, flydende gødninger - eller med andre ord: Ingen metaldele måtte kunne komme i berøring med kemien/gødningen.

På den store landbrugsudstilling kunne vi af naturlige årsager ikke læse de kinesiske tekster; men kunne dog genkende vore egne navnetræk i den kinesiske tekst

Vi stod dog med et problem, for kineserne havde ingen flydende gødning; men jeg vidste, at de havde adgang til råvarer og ingredienser, som man kunne lave gødningen af, så jeg formidlede efterfølgende kontakten til et dansk firma, FLEX Fertilizer Systems i Odense, så de kunne få et samarbejde i gang omkring leveringen af et containeranlæg med gødningsblander og tilgang til forsøgsresultater og lignende. Vi modtog aldrig nogen form for royalty herfor. Firmaet var et stort kinesisk selskab med 4.600 ansatte, som blandt andet producerede ikke mindre end 20 selvkørende, larvebåndsdrevne mejetærskere dagligt, foruden traktorer, gravemaskiner og meget andet landbrugsmateriel.

Man havde ikke kendskab til, at dosere ved hjælp af en integreret computer og flowmåler, så vi forærede kineserne ét styk, som de på udstillingen fremviste påmonteret maskinen. Det er almindelig kendt, at dosering via et manometer kan give adskillige procents unøjagtighed, hvorfor der her kan spares meget på forbruget af kemikalier. Vi mente derfor, at det ville være en god gerning, at forære kineserne deres første computer til styring af doseringen af sprøjtemidler.

Direktøren for det kinesiske selskab lod sig friste til selv at gå med i den afdeling eller firmadel, som skulle sælge de nye

sprøjter, der var resultatet af vort samarbejde. Jeg ved ikke helt præcist, hvad der siden er sket; men så vidt jeg er orienteret, så er direktøren fyret, og projektet er gået i stå. Det resterer derfor, at komme til bunds i og undersøge hvordan det er gået med de andre danske firmaer, som også var involveret i nogle projekter med den pågældende virksomhed. Personligt er min indstilling dog dén, at jeg synes, der er større tilfredsstillelse ved at kunne give min viden til kineserne, end der er ved at blive frarøvet et større beløb af den danske stat i form af dansk retsafgift i en eventuel sag om ophavsret eller patentret, og uden at man så alligevel har nogen retsbeskyttelse. Kan vi sætte blot et mikroskopisk, positivt aftryk på verdens miljøsituation, så er vores arbejde da ikke helt spildt. At anvende større beløb på danske retsafgifter kommer jo ikke miljøet til megen gavn. I min egen, mere end 30-årigt verserende retssag - denne omtales senere længere henne i bogen, - fik vi kopieret/stjålet vores patenterede, kemikaliebesparende Kyndestoft AIR-sprayer, efter at vi tidligere havde forsøgt at sælge den til den virksomhed, som så senere gik hen og blev vores modpart. Det blev ikke mindre frustrerende af, at det var en delvis, offentlig ejet virksomhed, Cheminova, som var ejeren af vor modpart i sagen. Cheminova var dengang ejet af Aarhus Universitet. Vor modpart fik hjælp fra Statens Afprøvning Flakkebjerg og Bygholm i Horsens, - institutioner som ikke umiddelbart ville kunne eksistere uden betalingsopgaver fra blandt andre kemikalieproducenten Cheminova - imod vort Kyndestoft AIR-spraysystem. Det har, som jeg ser det, knebet voldsomt fra krænkerens side med tilskyndelsen til, at få udbredt kendskabet til kemibesparelsen ved brug af vort patenterede Kyndestoft AIR-spraysystem. Jeg mener, at det må skyldes, at krænkeren ikke vil miste indtjening som følge af et generelt nedsat kemikalieforbrug - endnu!

Jeg havde på udstillingen i Wuang lejlighed til at se nærmere på de kinesiske maskiner til sprøjtning af rismarker. Bemærk logoet i baggrunden.

RETSSAG VED HØJESTERET

Af Erik Nørgaard

Som Albert Hedegaard tidligere har nævnt i dette skrift, følger her en forholdsvis detaljeret forklaring omkring de næsten umenneskelige trakasserier og mere end tredive års retssager, som Albert måtte igennem, fordi han fik en god idé. Nogle udsagn og synspunkter kan måske virke subjektive eller ensidige, og er det måske også; men de er medtaget for at forsøge at give et fuldstændigt billede af begivenhederne, som de formede sig gennem alle årene. De indhentede oplysninger hidrører dels fra Albert selv og dels fra venner, bekendte, familie og selvfølgelig forretningsforbindelser til Albert Hedegaard. Endvidere er der anvendt kommentarer og udsagn fra andre opfindere og detaljer fra retsudskrifter.

Columbusæg/guldæg?

Albert har gennem tiden både ansøgt og også fået udstedt en del patenter på forskellige tekniske løsninger; men den absolut mest dominerende innovation og samtidig dén som skulle komme til at få den største betydning for en stor del af hans liv, var marksprøjten, der blev kaldt Kyndestoft AIR-spray. Idéen gik i al sin korthed ud på, at hvis man ved hjælp af en specielt konstrueret marksprøjte, kunne blive i stand til at fordele sprøjtemidler langt bedre og mere præcist ramme afgrøderne end hidtil kendt, så ville landmanden herved få mulighed for en stor besparelse i forbruget af sprøjtemidler, og ville samtidig opnå en stor miljømæssig gevinst med mindre udvaskning til vådområder og nedsivning i grundvandet til følge. Samtidig gav maskinens konstruktion også mulighed for at udbringe sprøjtemidler ved højere vindhastigheder uden, at der forekom vindafdrift til nærliggende marker eller naturområder. Uden at gå alt for meget i detaljer om selve produktudviklingen skal det dog alligevel nævnes, at denne ikke var problemløs og uden forhindringer på vejen frem mod den færdige marksprøjte, og det kostede selvfølgelig masser af arbejdsindsats, og sled på økonomien i de år, hvor udviklingen pågik. Da marksprøjten var færdigkonstrueret kunne dens idé og formål kort formuleres således:

"Kyndestoft AIR-spraysystem giver besparelser på sprøjtemidler, og sænker herved omkostningerne til disse, - giver mindre afdrift til omliggende arealer og resulterer således også i mindre udledning til naturen og nedsivning til grundvandet."

Her var nu en række af fordele, som det var svært at lukke øjnene for.

Ville sælge idéen

Albert patentansøgte sin opfindelse i 1984, og i 1986 kontaktede han Hardi A/S, - en stor international virksomhed som lavede alle former for sprøjter, - for at sælge sin idé til dette firma. Men imod Alberts forventning så gjorde Hardi A/S indsigelser mod Alberts patentansøgning. Indsigelser som åbenlyst kun havde ét formål: At lægge hindringer i vejen for Alberts patent og hans forretningsmuligheder med dette.

Den store Demeter-sprøjte kan trods sin størrelse lukkes sammen, så den tilnærmelsesvis kun fylder det samme som en mindre landbrugsvogn.

Hardi A/S vedblev at gøre indsigelser mod patentet, og hele denne for Albert meget frustrerende tid strakte sig faktisk over så længe som 17 år, og havde til resultat, at Albert ikke kunne få sit endelige patent udstedt, før Hardi A/S ophørte med deres vedholdende begrundelser for indsigelse. Men endelig, - endelig langt om længe lykkedes det Albert i 2001, at få udstedt det patent han havde kæmpet så hårdt for i en årrække. Gennem alle årene hvor Hardi A/S gjorde indsigelser mod Alberts patentansøgning, havde Hardi A/S, - som dengang var ejet af sprøjtemiddelfabrikanten Cheminova A/S, - fremstillet marksprøjter, som arbejdede efter de helt samme principper, som de af Albert i patentansøgningen formulerede. Albert rejste derfor i 2001 en erstatningssag mod Hardi A/S; som dog trak sagen ud på grund af sygdom, indsigelser af forskellig karakter og andre trakasserier.

Syns og skønsforretning

Sagen blev sendt til fornyet behandling i Patent- og Varemærkestyrelsen, fordi Hardi A/S postulerede, at Albert skulle bevise virkningen af sit patent! Det er dog siden blevet godtgjort af en højt estimeret medarbejder i Patent- og Varemærkestyrelsen, at man ikke skal kunne bevise, at et patentansøgt emne rent faktisk virker! Man skal kun bevise, at det er nyt! I dette tilfælde virkede det dog! Der afholdtes efterfølgende en syns og skønsforretning. Flere mente, det var på et helt forkert grundlag, og at syns og skønsmanden var inhabil, og at der i det hele taget blev manipuleret groft med de reelle fakta. Albert kunne efter syns og skønsforretningens afslutning iagttage, at syns og skønsmanden blev hos Hardi A/S i mere end en halv time efter, at alle andre implicerede i syns og skønsforretningen var kørt fra stedet. Der fulgte herefter nogle år med skiftende advokater, som i Alberts perspektiv vist mest havde store armbevægelser og gode talegaver. De påstod, at de kunne føre hans sag igennem ved retten; men så snart de havde tjent en tilstrækkelig sum penge på "sagsbehandling", droppede de ud igen og fremsendte efterfølgende større regninger. Hardi A/S blev i 2007 solgt af Cheminova A/S til firmaet EXEL Industries i Frankrig.

Nyt patent dukker op

Modparten påstår nu, at der tidligere er udtaget et patent på en marksprøjte, som fungerer på samme måde som Alberts. Patentet skulle være udtaget på en israelsk produceret marksprøjte ved navn Degania, og derfor påstår Hardi A/S, at man ikke krænker Alberts patent, fordi der allerede findes ét identisk udtaget patent i forvejen. Hardi A/S påstår altså dette på trods af, at Albert allerede har fået udstedt sit patent og i øvrigt har fået medhold i dette ved tidligere afsagt kendelse i Byretten. Det er næsten det samme som at påstå, at Patent og Varemærkestyrelsen ikke skulle have gjort deres arbejde grundigt nok, da de nyhedsundersøgte og efterfølgende udstedte patentet til Albert. Hardi A/S krænker under hele det lange tidsforløb Alberts patent og tjener selvsagt penge på dette, da det drejer sig om rigtig mange producerede marksprøjter. Strategien er helt entydig at køre Albert træt og få ham til at slide på sin økonomiske formåen. En økonomisk formåen som ikke mindst nogle advokater også gør et kraftigt indhug i, uden at kunne tilvejebringe en afslutning på sagen én gang for alle.

Demeter-sprøjten spænder over 36 meter. Herved kan man undgå for mange sprøjtespor i afgrøderne.

Forlig – spil for galleriet?

Hardi A/S tilbød Albert, at eftergive 2.000.000 kr. i sagsomkostninger, imod at Hardi A/S til gengæld skulle overtage en del patenter, som Albert ejede. Patenterne Hardi A/S ville overtage, var enten udløbet eller reelt værdiløse; men Hardi A/S ville formentlig købe dem, fordi det så i offentligheden kunne se ud som om, at der var indgået en form for handel eller, at der var indgået et slags forlig mellem parterne. Da en tilføjelse i betingelserne udtrykte, at Albert skulle betale en bod på 100.000 kr., hvis han eller blot nogen fra hans familie nævnte denne aftale, ræsonnerede Albert, at dette ville han ikke gå med til, når det var ham, der udgjorde den krænkede part, og efter et døgn, hvor han koncentreret afvejede for eller imod, besluttede han sig for, at det ville være fuldstændig forkert og imod alle hans etiske og moralske principper, hvis han underskrev en sådan aftale, og han meddelte derfor slutteligt Hardis A/S' advokat, at han ikke ville indgå denne aftale.

Sagen søges prøvet ved Højesteret

Selvom både Alberts barndomshjem – et landbrug, erhvervsbygninger, likvide midler og mange andre ting kom på højkant, besluttede han nu, at forsøge at anlægge sag ved Højesteret mod Hardi A/S for krænkelse af hans patent. Da Højesteret kun behandler sager som er uprøvede og som derfor er af principiel karakter, oplevede Albert det, som begyndelsen på en vundet retssag, da han og hans nu nye advokatfirma fik lov at føre den for Højesteret. Samtidig havde advokatvirksomheden udtrykt, at denne sag var oplagt og burde kunne vindes, hvorfor de gerne ville gå ind i den. Advokatfirmaet var jo ikke billigt; men det pegede i den rigtige retning, at kunne få lov til at føre sagen for Højesteret, og stor var Alberts overraskelse derfor, da advokatfirmaet, efter at have forberedt sagen gennem længere tid og brugt adskillige timer, blot nogle få uger inden sagen skulle for Højesteret foreslog, at man indgik et forlig med Hardi A/S. Albert var nærmest chokeret over dette svigt, og han kunne ikke acceptere det, fordi han mente, at advokatvirksomheden skulle have tilkendegivet dette som en mulighed, allerede da man indgik aftalen ved det første møde på advokatkontoret, og under alle omstændigheder inden advokatfirmaet påbegyndte forberedelsen af sagen med i øvrigt meget store omkostninger til følge. Det kunne se ud som om, at advokatfirmaet har villet tjene pengene ved at forberede sagen, fordi advokatfirmaet løbende skulle have betaling for sit arbejde, og så i sidste øjeblik sprang fra ved at opfordre til forlig med modparten, så sagen slet ikke nåede frem til proces i Højesteret. Man kan nemt få den tanke, at det måske heller aldrig har været meningen, at den skulle nå til Højesteret.

Advokatfirmaet svigter

Ved at indgå et eventuelt forlig, ville der jo ikke være nogen taber eller nogen vinder, og det var diametralt imod hvad Albert ønskede. Han ønskede en retslig afgørelse én gang for alle. Advokatfirmaet ville ovenikøbet, - tilsyneladende for at få Albert til at rette sig efter advokatfirmaets ønske om forlig, – have ekstra betaling for at udlevere sagsakterne. Dette lykkedes dog ikke for advokaten.

Selvmøder i Højesteret

Fire minutter før afleveringsfristen uden for Højesteret i Prins Jørgens Gård på Christiansborg. Sagsakterne, der skulle afleveres til advokaterne og i Højesteret udgjorde samlet 35.200 ark á 8 gram, i alt: 281,6 kilo. Så det kan godt give både røde ører og kinder, når man under tidspres skal nå at aflevere de mange dokumenter. Man kan også godt undre sig over, hvem der er i stand til at gennemlæse alle disse akter, og så tillige huske al det de læste?

Stik mod hvad de fleste sikkert ville turde, besluttede Albert sig for, at føre sagen for Højesteret uden bistand fra en advokat, fordi han ikke kunne nå at finde en ny advokat med blot få uger til retssagen, og en ny advokat ville heller ikke kunne nå at sætte sig ind i den mildt sagt meget omfangsrige sag. Fra advokatfirmaet, som trak sig ud i sidste øjeblik, har man åbenlyst været fuldstændig bevidst om dette. Enhver borger har ret til at føre sin egen sag ifølge Grundloven. Så kaldes man for selvmøder. Albert går med assistance fra medlemmer af Opfinderforeningen.dk, venner og familie i gang med at få produceret de ca. 30.000 sider, der kræves til ekstrakt, materialesamling, processkrift m.m. og som skal afleveres til Højesteret og modpartens advokat indenfor en fastsat tidsfrist. Alberts advokat, der sprang fra i sidste øjeblik, havde formentlig ikke regnet med, at det ville kunne nås på det fremskredne tidspunkt, men det lykkedes dog. De sidste sider blev trykt af et københavnsk trykkeri, som kunne reagere lynhurtigt, og de blev afleveret sammen med dokumenter afhentet i Østre Landsret, blot få minutter før, der var indleveringsfrist, - ja reelt blev den nok overskredet med nogle få minutter.

Højesteret 2013

Sagen kom endelig for Højesteret i november 2013.

Der var mange ting, som manglede under retshandlingen i Højesteret. Der blev blandt andet ikke taget hensyn til en eksisterende film, som ellers på en let, forståelig måde, ville kunne have vist forskellen mellem Alberts patent og de øvrige, herunder det israelske patent på Degania-maskinen. Der var alle tekniske faciliteter til stede i retssalen i Højesteret (overhead, film, video m.m.), ja, de stod faktisk klar til anvendelse midt i retslokalet;

men det lykkedes ikke Albert at få at vide, hvorfor disse AV-midler ikke måtte anvendes. Der var også nogle sider (1,3,5 og 8) som manglede i det patentskrift, der blev benyttet i retten og i det hele taget tog sagen karakter af en skueproces, der allerede på forhånd var afgjort. Som en af tilhørerne udtrykte det: "Tyve minutter inde i retshandlingen var det som om, at Albert allerede havde tabt, og fornemmelsen blev ikke bedre af, at en af dommerne fik sig en lille morfar!". Hertil kom yderligere, at der ikke var indkaldt nogen personer med teknisk formåen på netop dette område for, at forklare retten hvad det hele egentlig gik ud på. Resultatet blev, - da dommen senere blev afsagt, - at Albert tabte sagen! Ved nærlæsning af dommen så det ud som om, at Højesteret slet ikke havde set Landsrettens og Byrettens afgørelser igennem. Dette var endog meget vigtigt, da de to retsinstansers afgørelser hver især dannede udgangspunkt for, hvorvidt Albert tidligere havde fået medhold. Hvis man kigger i bakspejlet, så ser det ud som om, Albert på forhånd havde tabt sagen i Højesteret. Måske er det ikke så velanset blandt dommere, at man drister sig til at stille op som selvmøder.

Kæmpe stak regninger

Efter domsafsigelsen i Højesteret stod Albert med en kæmpestor stak ubetalte regninger, som nu skulle betales, og de kunne jo nu ikke betales ud af en forventet erstatning fra modparten. Sammenfattende for Albert, har det, at han ville beskytte sit patent, som han jo de facto fik udstedt i 1991, betydet, at han har brugt oceaner af tid og penge på dette. Mere end de fleste nok ville kunne holde til, såvel på et menneskeligt og familiemæssigt, som på et økonomisk plan. Der blev brugt knap 6.000.000 kroner alene på advokater og retsafgifter. Hertil kom en del penge for at vedligeholde patentet, det som kaldes betaling af årsafgift, og endvidere indkøb af en Degania-sprøjte fra det israelske firma. Hertil skal selvfølgelig lægges omkostninger til rejse- og opholdsudgifter og en del andre med processen forbundne omkostninger. Degania-sprøjten blev overhovedet ikke anvendt i sagen og ingen dommere, syns og skønsmænd eller andre i sagen involverede parter, ønskede nogensinde at se den. Sammenlagt et tocifret millionbeløb, der er forbrugt og hertil kommer så en værdi, som er svær at opgøre nøjagtigt, nemlig: Forstyrrelse af Kyndestoft Maskinfabriks daglige drift og omdømme. Albert troede på loven og stod fast på sin ret, og det patent som Patentdirektoratet havde udstedt til ham.

Det kom til at koste ham dyrt på mange fronter!

Det er ikke tilladt at filme i retssalene – her interview efter retshandlingen i Højesteret. TV/Midt-Vest fulgte sagen tæt gennem hele forløbet.

EPILOG

Af Albert Hedegaard

En journalist udtrykte engang overfor mig, at det i dagens Danmark lader til, at hvis man begår storsvindel, økonomisk kriminalitet af en vis størrelse, ulovlige internationale transaktioner, hvidvask eller andet, som er moralsk og/eller juridisk angribeligt eller bare uærligt, så er det som om det i visse kredse nærmest anses for at være lidt fint, lidt raffineret, ja, næsten lidt anerkendelsesværdigt og tilmed er et udtryk for god forretningssans. Altså når blot svindlen er af en vis størrelse, ikke bliver offentligt afsløret og ikke kommer til dom i retten. Personligt har jeg altid anlagt den strategi, at jeg helst stoler på andre mennesker, indtil de eventuelt afslører, at de ikke gør sig fortjent til det længere; men efter flere års dyrekøbte erfaringer, må jeg nok til at ændre denne tankegang en hel del. På baggrund af mine oplevelser gennem efterhånden mange år stoler jeg ofte ikke på, og har sjældent tillid til fremmede længere, før jeg får erfaringer i omgangen med vedkommende, som helt klart viser, at han eller hun er tilliden værdig; men det kan tage lang tid – måske flere år. Man kender jo ikke en person, før denne ved flere lejligheder har befundet sig i en situation eller har udført handlinger, som netop har vakt ens tillid, – og så skal man måske endda være forsigtig.

Løgn i retssalene

En advokat fortalte mig engang, at der ikke er nogen steder i Danmark, hvor der bliver løjet lige så meget som i de danske retssale til trods for, at straffen for at lyve - eksempelvis som vidne - i det danske retssystem er forholdsvis hård. Ikke desto mindre foregår det i et meget stort omfang, fordi det sjældent kan bevises, og hvis det under en retshandling bliver påtalt eller afdækket, kommer som regel ind under begrebet erindringsforskydelse eller måske dårlig eller manglende hukommelse. Det er meget sjældent, at nogen bliver straffet for dette. Hensigten med at opsætte den forholdsvis hårde straframme for at lyve i retten har sandsynligvis været, at skræmme vidner og andre fra at tale usandt; men som jeg anskuer det, er måske netop den forholdsvis hårde straframme årsagen til, at man i retten sjældent graver så dybt ved mistanken om, at der måske lyves. Måske burde man tage tingene med lidt større alvor, når man får en anmeldelse om, at et vidne eller andre lyver i en retssag, også selvom løgn i sagens natur ofte vil være svær at bevise. Har man en helt éntydig retssag, hvor det ligefrem ud af dommen kan ses, at et vidne lyver, er det ganske grotesk, at man bliver nægtet adgang til at få vidnets udsagn prøvet og eventuelt efterfølgende dømt. Desværre fungerer det jo nok også sådan, at en person som selv er sluppet godt fra at lyve i retten, sikkert ikke er så glad for at anmelde en anden person for det samme! Mange retssager er af advokater tilsyneladende blevet vundet, fordi advokaterne har instrueret klienten i at lyve. Er man selv ærlig i en given sag og ens advokat er ligeså og eventuelt fører et eller flere vidner, som også er ærlige, så ser det efter forholdene i dagens Danmark grangiveligt ud som om, man på forhånd vil tabe sin sag, for dommeren er jo nødt til at dømme ud fra de ting, der bliver sagt og protokolført og ikke ud fra psykologisk indsigt og empatiske instinkter. Så kort fortalt: Har du tænkt dig at være ærlig, så har du ikke én chance for at vinde en retssag i Danmark! Eller sagt på en anden måde: Er du ærlig, har du ingen eller kun en meget lille retsbeskyttelse i Danmark. Det er sørgeligt, at vi er nået så vidt! Jeg vil alene ud fra mine egne oplevelser med retssystemet, kunne dokumentere eksempler på usandheder, falsk vidnesbyrd, fortielser, inhabilitet, bevidste fordrejelser og meget mere.

Lov, jura! - & moral?

Jeg skal ikke påstå, at jeg er dybt religiøs, for det er jeg ikke; men som simple leveregler og etiske eller moralske forskrifter er de Ti Bud egentlig ganske udmærkede, og jeg spekulerer sommetider over hvor stor en procentdel af den danske befolkning, der kender alle ti bud, - eller måske endda blot de tre vigtigste? Eller endnu bedre: Hvor mange mennesker der i dette land efterlever dem? I forhold til de ting, som jeg desværre har oplevet at få testet på min egen tilværelse og pengepung, kan jeg sommetider få den tanke, at det danske retssystem giver sig ud for at være noget, som det i virkeligheden slet ikke kan leve op til. I særlig grad når det gælder sager af teknisk og patentretligt indhold. Her ligner vort retssystem måske mere noget i en nation, som producerer bananer, end et retssystem i en nation, som producerer kartofler!

Albert Hedegaard, Kyndestoft

Tak for din interesse.

Vil du vide mere, kan du finde yderligere oplysninger på nedenstående links:

www.Alberth.dk

https://www.dkdox.tv/videos/DK20023

https://www.tvmidtvest.dk/skive/hojesteret-30-arig-patentsag-afgjort